Christoph Schraven

Faszination

WASSERWILD

Österreichischer Jagd- und Fischerei-Verlag

Christoph Schraven

Faszination

WASSERWILD

Österreichischer Jagd- und Fischerei-Verlag

Christoph Schraven,
Jahrgang 1968, ist Arzt und lebt in in der Seenstadt Nettetal.
Von Kindheit an faszinierte ihn die heimische Vogelwelt. Zuerst und vor allem war es der Fasan, dann aber auch die bunte Welt des Wasserwildes.
Christoph Schraven ist nicht nur Naturfotograf und Jäger, sondern legte auch die Falknerprüfung ab. So lernte er auch die Fressfeinde des Niederwildes ausführlich kennen.
Im Jahr 2016 erschien im Österreichischen Jagd- und Fischerei-Verlag sein Buch „Faszination Fasan".

Fotos und Text: Christoph Schraven,
mit Ausnahme der Fotos auf den Seiten 24, 26, 38, 51 (Frank Schmidt) und 112 bzw. 114 (Ulrich Guhl)

Lektorat, Layout, Leitung Produktion: Michael Sternath

Verlagsassistenz und Sekretariat: Angela Pleyel

Repro: Reprozwölf, Wien

Gesamtherstellung: Christian Theiss, Sankt Stefan im Lavanttal

ISBN 978-3-85208-168-7

Inhalt

Sternstunden am Wasser

Wasserwild hat die Menschen schon immer beeindruckt. Das Rufen der ziehenden Wildgänse im Herbst und Frühjahr hoch am Himmel erweckt ein seltsam vertrautes Gefühl. Ziehende Gänse sind ein Symbol für Freiheit und kündigen den Wechsel der Jahreszeiten an. Das ist allgemein bekannt. Aber sonst? – Wir wissen im Allgemeinen so wenig über unser Wasserwild!

Ob auf den Bergseen oder am Meer – überall schmücken Enten und Gänse unsere Gewässer. Nicht nur Ornithologen und Naturfotografen werden durch ihre Anwesenheit gefesselt, als Flugwild nehmen sie auch für den Jäger einen besonderen Stellenwert ein. Seit alters werden die Vorfahren der Wildgänse und Stockenten in Gefangenschaft gehalten und gehörten früher zu fast jedem bäuerlichen Anwesen. Dies führte zu einer innig gewachsenen Vertrautheit des Menschen mit diesen Tieren, wodurch auch unser heutiges großes Interesse an den wilden Verwandten zu erklären ist.

Sozialstruktur, Familienbande und Individualität der wilden Gänse sind einzigartig, und das Leben der pfeilschnellen und wunderschönen Wildenten fasziniert. Für das hier vorliegende Buch war ich täglich am Wasser und habe das wilde Wasserwild über den Verlauf des ganzen Jahres beobachtet und meine Beobachtungen fotografisch festgehalten. Wenn man so oft am Wasser ist, dann gibt es immer wieder auch Sternstunden, in denen sich Außergewöhnliches ereignet. In einigen dieser Sternstunden hatte ich rasch genug den Fotoapparat zur Hand. Manchmal war es schwierig, und dann entstand ein Schnappschuss. Manchmal war es dann wieder läppisch einfach. Spannend waren die Stunden am Wasser jedenfalls immer.

Lieber Leser, lassen auch Sie sich vom Leben am Wasser einfangen! Folgen Sie mir durch das Buch, tauchen Sie ein in das Leben der Enten, fliegen Sie mit den Wildgänsen mit, und Sie werden in Zukunft mit noch offeneren Augen am Wasser stehen…

Christoph Schraven

STECKBRIEF

Vom Leben der Stockente

Die Stockente hat sich an die Zivilisation erstaunlich gut angepasst. In städtischen Gewässern ist sie keine Seltenheit. Füttert man sie, wird sie schnell vertraut und ist daher bei Kindern beliebt. In der Wildnis lebende Stockenten haben noch die natürliche Scheue und Fluchtdistanz, sie sind vom Brot der Menschen unabhängig. Obwohl die so häufig vorkommende Stockente ein recht alltäglicher Anblick ist, weiß man meist recht wenig über sie.

Die Stockente, auch Wildente genannt, ist die häufigste Ente in Europa. Über die gesamte Nordhalbkugel ist *Anas platyrhynchos*, wie die Wissenschaft sie nennt, verbreitet. *Anas* bedeutet Ente, *platyrhynchos* „breiter Schnabel". Das Weibchen trägt ein schlichtes braunes Federkleid, der Erpel hat ein buntes Gefieder mit schillerndem grünen Kopf und Hals. Die ebenfalls grünlichen „Erpellocken" – die gebogenen Federn am Pürzel – nimmt der Jäger gerne als Hutschmuck.

Eine Stockente wiegt etwa 0,7 bis 1,5 Kilogramm. Durch das breite Nahrungsspektrum und die hohe Anpassungsfähigkeit findet man sie vom Gebirge bis zum Meer, an kleinen und größeren Gewässern. Die zu den Gründel- oder Schwimmenten gehörende Stockente hat im Gegensatz zu den Tauchenten nach oben zeigende Schwanzfedern und ist, wie bei Schwimmenten üblich, in der Lage, senkrecht aus dem Wasser aufzufliegen. Stockenten leben in der Regel paarweise. Am Ende des Winters führen die Erpel Revierkämpfe durch und legen damit die spätere Paarbildung fest. Zum April hin bauen die Enten, versteckt im Uferbereich, ein Nest.

Nach einer Brutdauer von 28 Tagen schlüpfen aus den 7 bis 12 Eiern, je nach Brutbeginn, zwischen Mitte April und Anfang Mai die Küken. Aber auch im August sieht man aus Zweitgelegen noch Küken. Als Nestflüchter verlassen sie am Tag nach dem Schlupf das Nest und kehren nicht mehr zurück. Die Jungen werden von der Ente geführt und bleiben meist in ihrer Nähe. In den ersten Wochen ist die Sterblichkeit der Jungen besonders hoch, abhängig vom Wetter kann diese nahezu hundert Prozent betragen.

In den Herbst- und Wintermonaten besiedeln viele Enten und Gänse aus Ost- und Nordeuropa unsere Gewässer. Dem milderen Klima folgend halten sich diese Zugvögel dann in südlicheren und westlichen Regionen auf. Wenn die Gewässer zufrieren, sammeln sich die Tiere an eisfreien Stellen, auf Flüssen, oder sie ziehen weiter nach Süden. Bleibt der Winter mild und sind die Gewässer nicht zugefroren, so bleiben die Enten am Standort.

Am Ende des Winters:
Entschlossener Erpelkampf um ein Weibchen.

Der Sieger mit seiner Auserwählten.

Im Frühjahr stehen die Paare fest. Jetzt muss nur noch ein geeigneter Nistplatz gefunden werden.

Nur die stärksten Männchen dürfen sich paaren. Die Paarungszeit der Stockenten nennt man auch „Reihzeit". Für die Brut- und Legezeit braucht die Ente Energiereserven, dazu benötigt sie eiweißreiche Kost.

Ganz gleich, ob Altgras, Brombeere oder Brennnessel – Bewuchs aus dem Vorjahr bietet für das Nest ein ideales Versteck, obwohl der Uferbereich ansonsten noch ziemlich kahl ist. Bereits im März beginnt die Brut der „Märzente". Im Nest liegen in diesem Fall neun Eier.

April. Die Küken sind geschlüpft. Am Anfang hat der Erpel noch Interesse an seinem Nachwuchs.
Gut zu sehen sind hier auch die Erpellocken am Pürzel.

Nach dem Bad werden die Flügel geschlagen, damit die Federn schneller trocknen.

Schwimmen müssen die Entlein nicht lernen, es ist angeboren.

Auch bei der Nahrungsaufnahme benötigen sie keine Hilfe.
Wasserflöhe gehören zur Lieblingsspeise.

An der Fischtreppe können die Entenküken viel einfacher stromaufwärts schwimmen.

Bei Gefahr vom Ufer wird schnell die Mitte des Gewässers aufgesucht.

Eindringlinge, hier eine Lachmöwe, werden nicht geduldet, sondern tapfer von der Ente vertrieben.

Überall lauern Gefahren, Wettereinflüsse und Nahrungsangebot bestimmen das Überleben. Nur wenige Küken erreichen das Erwachsenenalter.

Die Jugendmauser hat eingesetzt. Langsam verlieren die Küken das kindliche Daunenkleid. Acht Wochen werden die jungen Enten von der Ente geführt.

Stockenten sind schnelle Flieger –
sie fliegen deutlich schneller als etwa Graugänse.

Die Tage werden kühler. Im Abendrot eines Spätsommertages genießen
die Enten die wärmenden Strahlen der untergehenden Sonne.

Ein Schof Enten im Herbst.

Wenn die Gewässer zufrieren, fliegen einige Tiere in wärmere Regionen Richtung Süden.
Stockenten fliegen bis zu 450 Kilometer pro Tag.

Hier ziehen sich die Enten an den noch eisfreien Stellen zusammen.
Gäste aus dem Nord-Osten verdoppeln in den Wintermonaten nahezu den Bestand in der Region.

Es ist wie bei anderen Vögeln auch: Der Schnee erschwert die Nahrungssuche.

Diese Stockenten sind standorttreu und bleiben, solange sie genügend Nahrung finden.

Wasserflöhe, Weizen & Co

Vielfältiger Speiseplan

Was die Stockente frisst, hängt von der Jahreszeit und von der Verfügbarkeit ab. Der Schnabel ist durch seinen speziellen Bau bestens für die Nahrungsaufnahme im Wasser geeignet, die Ente kann Futter aus dem Wasser filtern und glatte glitschige Beute festhalten. Im Frühjahr und Sommer besteht die Nahrung erwachsener Stockenten überwiegend aus Insekten und anderer tierischer Kost. Die energiereiche Kost wird in der Lege- und Brutperiode benötigt und bestimmt indirekt den Bruterfolg.

Am ersten Tag brauchen Entenküken noch kein Futter. Für eine gesunde und schnelle Entwicklung der Küken muss der Anteil an Insekten in den darauffolgenden Tagen aber nahezu hundert Prozent der gesamten Nahrung betragen. Auf dem Wasser lebende und bodennahe Insekten müssen während der Jungenaufzucht reichlich vorhanden sein. Umweltgifte, Insektizide und Pflanzenschutzmittel haben zu einer drastischen Abnahme der Insekten geführt.

Flache Uferrandstreifen mit Wildkräutern, wo sich zahlreiche Insekten finden, sind ein wichtiger Baustein für die Entwicklung der Küken. Flachwasserzonen zum Gründeln haben zusätzlich den Vorteil, dass Nahrung aus Wasser und Schlamm gefiltert werden kann, hier finden sie auch Schnecken und Kaulquappen.

Von Juli bis Oktober suchen Stockenten gerne nachts Weizen, Sonnenblumen und Gerste auf abgeernteten Feldern. Auch Rüben- und Kartoffelstückchen, die nach der Ernte liegengeblieben sind, nehmen sie auf. Eicheln und Bucheckern gehören ebenso zum Nahrungsangebot, daher trifft man Wildenten in dieser Zeit nicht nur auf Feldern, sondern gelegentlich auch im Wald an. Im Herbst und Winter ist der Anteil pflanzlicher Nahrung wesentlich höher, da kaum Insekten oder andere tierische Kost zur Verfügung stehen.

Mit ihrem langen Hals und dem Kopf im Wasser ist die Ente in der Lage, Nahrung aus dem Wasser zu filtern. Stockenten „gründeln" nicht tiefer als dreißig Zentimeter, sie tauchen also bei der Nahrungssuche nicht ganz unter.

Wo die Stockente regelmäßig Nahrung findet, dorthin kehrt sie gerne zurück und stillt ihren Hunger. Am Tage liegen die Enten auf den größeren Gewässern und ruhen sich aus. Bricht die Abenddämmerung an, sind sie besonders aktiv und suchen die Nahrungsplätze auf. In kleinen Trupps, „Schof" genannt, fliegen sie dort ein. Für den Jäger sind diese Kenntnisse entscheidend, wenn er im Herbst die Enten auf dem Entenstrich bejagt. Ist Nahrung verfügbar, werden diese Plätze nämlich von den Enten gezielt täglich aufgesucht.

Stockenten sind Allesfresser, neben pflanzlicher Nahrung gehört auch tierische Kost zu ihrem Nahrungsspektrum.
Ob Rotfeder, Weißfisch oder Krebs: Besonders im Frühjahr wird eiweißhaltige Nahrung gerne aufgenommen.

„Köpfchen unter Wasser“, …

… „Schwänzchen in die Höh“.
So können Enten mit ausgestrecktem Hals die maximale Tiefe erreichen und ohne zu tauchen den Boden nach Nahrung abgründeln.

Flache ruhige Gewässer mit seichten Uferzonen bieten Enten hervorragende Möglichkeiten, den Gewässergrund nach Nahrung abzusuchen.

„Entengrütze" – Wasserlinsen sind eine beliebte Nahrungsquelle. Nur diese beiden Jungenten sind vom gesamten Gelege übriggeblieben.

Erlen stehen bei den erwachsenen Enten hoch im Kurs und werden gerne vom Wasser aus genascht. Die wohlschmeckendsten Früchte hängen natürlich am höchsten!

Deckung & Äsung

Über den Lebensraum

Jäger, die ein Entenrevier betreuen, wissen ein Lied davon zu singen: dass es heute oft notwendig ist, den Lebensraum der Enten zu verbessern. Nicht nur die Wasservögel, sondern auch Libellen, Schmetterlinge und andere Insekten profitieren von derartigen Maßnahmen. Die Sicherung der Lebensgrundlagen – Stichwort Deckung und Äsung – ist ein Teil dieser Aufgabe, aber auch die Bejagung von Raubwild und das Säubern der Ufer von Abfall gehört dazu.

Nun, was kann man für die Stockente tun? Die Anlage bewachsener Uferrandstreifen ist ganz wichtig, an denen die Ente Brutdeckung findet. Wildäcker können im Winter beliebte Nahrungsquellen für die Enten sein und ein frühzeitiges Abwandern der Vögel verhindern. Es kann zweckmäßig sein, mit den Landwirten zu reden, damit die Felder nach der Ernte nicht gleich umgepflügt werden.

Stockenten suchen im Herbst ganz gezielt und regelmäßig Stellen auf, wo genügend Nahrung zur Verfügung steht. Das kann eine einsame Eiche im Feld zur Eichenmast sein oder ein gemähtes Maisfeld oder irgendeine Nahrung im Uferbereich. Wo sie Nahrung findet, dort trifft man die Stockente an!

Zum Schutz des Wasserwildes gehört natürlich auch die Bejagung ihrer Fressfeinde, soweit im gesetzlichen Rahmen vorgesehen. Der Fuchs etwa stellt für Enten- und Gänsevögel, besonders zur Brutzeit, eine nicht zu unterschätzende Gefahr dar. Wo Krähenvögel Eier finden, da plündern sie die Gelege. Schwarzwild hält sich gern im Uferbereich auf und verschont dort kein Nest. Eine wirksame Schwarzwildbejagung schützt auch andere Wasservögel, wie etwa Wasserralle und Haubentaucher.

Auch die Schaffung von Sonnen- und Ruhezonen, wo sich das Wild ungestört aufhalten kann, ist wichtig. Ganz entscheidend ist ausreichend Brutdeckung aus dem Vorjahr, etwa mit Rohrglanzgras, Brennnessel, Brombeere oder anderen Deckung spendenden Pflanzen.

Müssen Mäharbeiten zur Pflege des Gewässers durchgeführt werden, dann sollten diese im Lauf des Jahres nicht überall gleichzeitig stattfinden, sondern zu unterschiedlichen Zeiten, damit immer Deckung stehen bleibt. Auch dürfen die Ufer nicht zu steil sein, damit die Jungtiere leicht an Land kommen können.

Uferbereiche zum Sonnen, wo die Vegetation niedrig und übersichtlich ist, sind für die Entwicklung, besonders der jungen Enten, wichtig. Ein Baumstamm im Wasser kann als Rastplatz dienen.

Auch das Wissen, dass die Ente im Herbst und Winter eher pflanzliche Nahrung sucht, hilft bei ihrer Unterstützung in der kalten Jahreszeit.

Frühlingsstimmung am See.
Dieses Biotop ist ideal für Wasserwild, auch seltenere Arten wie die Rohrdommel finden hier einen Lebensraum.

Von der kleinen Anhöhe kann der Erpel das Wasser besser überblicken und bei Gefahr auffliegen. So warnt er auch die brütende Ente.

Ein hervorragender Lebensraum:
ein nicht zu steiler Uferbereich und freie Flächen für ein Sonnenbad.

In einem alten Wassergraben findet das Entenpaar ausreichend tierische Kost, und …

… das Nest mit den sieben bis zwölf Eiern
wird ebenfalls in der Nähe im hohen Gras versteckt sein.

Überall lauern Gefahren. Rabenvögel plündern nicht nur Nester, auch für die Entenküken können sie bedrohlich sein.

Die ganze Entenfamilie ist mit Gefiederputzen beschäftigt. Die Jungen, kaum sichtbar, sind gut getarnt und gönnen sich ebenfalls eine Pause.

Wo der Schwarzstorch lebt, da findet auch Wasserwild ein gesundes Biotop.
Große Moorgebiete und ausgedehnte Naturschutzgebiete sind seine Heimat.

Oft genug sind von Natur aus die Lebensräume nicht mehr optimal. Dann ist der Mensch gefordert.
Jäger können durch Hegemaßnahmen viel beitragen und im Biotopschutz eine entscheidende Rolle spielen.

Hier schafft eine alte im See liegende Eiche ideale Versteckmöglichkeiten und bietet einen Ruheplatz.

Auch dichtes Geäst, das übers Wasser ragt, bietet den Enten Schutz und Ruhe.

Federwechsel – Mauser

Die Federn schützen die Vögel vor Wasser und Wetter. Erst durch die Federn werden Vögel flugfähig. Die hohe Beanspruchung des Federkleides im Jahresverlauf führt dazu, dass eine regelmäßige Erneuerung der Federn notwendig ist. Enten und Gänse erneuern jährlich ihr Federkleid. Das Wechseln der Federn nennt man „Mauser."

Die Mauser verläuft bei Erpel und Ente unterschiedlich.

Die Mauser des Erpels beginnt Ende Mai, Anfang Juni und erreicht Anfang Juli ihren Höhepunkt. Erpel wechseln das Federkleid von den bunten zu den braunen tarnenden Federn. Anfang Juli ähneln die Erpel deshalb den Weibchen, sie haben vom Prachtkleid ins Schlichtkleid gewechselt. Auch die großen Flügelfedern werden erneuert, deshalb können sie nicht fliegen. Die Erpel sammeln sich in dieser Zeit an einsamen und ruhigen Stellen, versteckt im Uferbereich fallen sie kaum auf. Für drei, vier Wochen sind sie flugunfähig. Man spricht von der „Ruhemauser" und nennt die Erpel dann auch „Rauerpel".

Aufgrund der Flugunfähigkeit sind die Erpel in dieser Zeit besonders gefährdet, daher das Tarnkleid. Sie sind dann nur am gelben Schnabel von den Weibchen zu unterscheiden. In der Zeit der Schwingenmauser wird viel Eiweiß benötigt, das über Insektennahrung oder andere tierische Kost aufgenommen wird. Um Mitte August sind sie noch schlicht gefärbt, haben aber schon einige Federn an Kopf und Rumpf zum Prachtkleid erneuert. Die Mauser des Kleingefieders kann bis Dezember dauern, dann ist das Verfedern zum Prachtkleid vollständig abgeschlossen. Beim Verlauf der Mauser gibt es regionale und individuelle Unterschiede.

Bei Weibchen beginnt die Ruhemauser, wenn die Jungen selbstständig sind. Brut- und Ruhemauser gehen ineinander über. Wegen unterschiedlicher Brutzeiten kann diese von Juni bis September stattfinden. Sobald die Enten wieder flugfähig sind, mausern sie das Kleingefieder.

Die Küken schlüpfen mit einem Daunenkleid. Ein Fettüberzug sorgt für Wasserabweisung und verhindert, dass die Küken nass werden. Nach und nach entwickeln sich dann aus den Daunen richtige Federn. Sind die Federn ausgebildet, dann ähneln die Jungenten ziemlich stark der weiblichen Ente. Die Jugendmauser ist eine Teilmauser: nur das Körpergefieder, der Schwanz, die Schulter und die Oberarmschwinge werden gewechselt.

In der Mauserzeit halten sich Schwimmenten am Ufer im Deckungsbereich und Tauchenten in der Mitte großer Gewässer auf. Der Federwechsel kostet ziemlich viel Energie, daher ist ausreichend Nahrungszufuhr wichtig.

Im Frühsommer wechseln die Erpel vom Prachtkleid ins Schlichtkleid.
Im Schlichtkleid ähneln sie den Enten sehr, der Schnabel aber ist gelb.

Rauerpel, auch Mauser-Erpel genannt.
Erpel verlieren alle Flügelfedern gleichzeitig und sind daher in dieser Zeit flugunfähig.

Ausgiebiges Bad eines Erpels zur Gefiederpflege.

Zum Schluss werden die Flügel geschlagen, damit sie besser trocknen.

Nach rund fünf Wochen sind die Schwungfedern erneuert, und der Erpel ist wieder flugfähig.

Beim Weibchen verläuft die Mauser unauffälliger. Das Federkleid wird mit einem Sekret aus der Pürzeldrüse gut eingefettet und sortiert. – Den blauen Flügelspiegel haben beide Geschlechter.

Im Wasser liegende Bäume bieten für Stockenten hervorragende Ruhezonen. Die Jungenten mausern die Schwungfedern des Jugendgefieders. Äußerlich sehen sie der Mutterente sehr ähnlich.

Morgengymnastik – Füße ausgestreckt und die Flügel geschlagen.
Diese Ente gönnt sich eine Pause von der Jungenaufzucht.
Der Schnabel des Weibchens hat einen orangen Grundton.

Abendstimmung am Gewässer im Spätsommer, ...

... und einige Erpel sind schon jetzt durchgemausert.

Zum Spätherbst hin sind dann fast alle Enten mit dem Gefiederwechsel fertig.

Graugans

Gänse sind höchst sozial. Dies ist ein Grund, warum diese Tiere nicht nur von Verhaltensforschern gerne beobachtet werden. Gänse sind enorm wachsam, weil der eine auf den anderen aufpasst und Gefahr sogleich meldet. Dieses Verhalten wusste man schon im Alten Rom zu nutzen und setzte Gänse als Wachposten ein.

Die Graugans *(Anser anser)* ist der Vorfahre unserer weißen Hausgans und gehört zu den Feldgänsen *(Anser)*. Mit zwei bis vier Kilogramm liegt sie beim Gewicht zwischen dem von Nilgans und Kanadagans. In der Mitte des neunzehnten Jahrhunderts waren Graugänse in ganz Europa so gut wie ausgestorben. Schonung und Wiederansiedlungsprojekte in den 1960er-Jahren haben zu einer deutlichen Erholung der Bestände geführt.

Wir unterscheiden die sogenannten Sommergänse, die während des ganzen Jahres die hiesigen Breiten besiedeln, und die Wintergäste, welche lediglich im Herbst zur Überwinterung zu uns kommen. Letztere ziehen im Frühjahr nach Skandinavien und Russland, um dort ihre Brutgebiete aufzusuchen. Bei den Graugänsen gibt es Standvögel, Teilzieher und Zugvögel.

Im Frühjahr ändert sich meist die Familienstruktur, Jungvögel aus dem Vorjahr werden vertrieben, es kommt zur Paarbildung. Altvögel kämpfen um Brutreviere. Gerne brüten Graugänse in Ufernähe oder auf Inseln, es kommt aber auch vor, dass Gänse am Waldboden im Adlerfarn brüten. Sogar auf Balkonen oder auf Hochständen werden Nester angelegt. Entscheidend ist jedoch immer, dass größere Gewässer in der Nähe sind, zu denen die Gänse nach dem Schlupf mit ihren Jungen wandern.

Zu Beginn ist das Nest sehr spärlich ausgekleidet. Im Verlauf der 28tägigen Brutperiode nutzt das Weibchen die Zeit, um das Nest weiter auszubauen. Meist werden vier bis acht Eier bebrütet. Graugänse sind, wie andere Gänse, Nestflüchter, die einen Tag nach dem Schlupf das Nest verlassen. Hauptschlupfzeit ist von Mitte bis Ende April. Die Prägung und Bindung zu den Elterntieren beginnt bereits im Ei, nach dem Schlüpfen wächst die Bindung weiter. Der Ganter gesellt sich nach dem Schlüpfen der Gössel zu seiner Familie und übernimmt ein wichtiges Wächteramt. Bald nehmen die Küken Nahrung auf und ernähren sich von Grasspitzen und Klee. Im Herbst kommen die verschiedenen Familienverbände zusammen. Wintergäste aus dem Norden und unsere Sommergänse finden zusammen, sodass dann in manchen Gebieten Ansammlungen von mehr als tausend Graugänsen anzutreffen sind.

Bei der Suche nach einem geeigneten Nistplatz überfliegt …

… dieses Gänsepaar ein Moorgebiet.
Mit dem Brüten beginnen Graugänse in der Regel erst im vierten Kalenderjahr.

Ein ungewöhnlicher Nistplatz.
Diese Gans bevorzugt die gute Aussicht vom Hochstand aus.

Ein anderes Paar entscheidet sich für die Binsen im Wasser, die auf eine andere Art und Weise Schutz vor Raubwild bieten. Gänse brüten in Kolonien oder in Einzelrevieren.

Die Brutzeit der Graugans dauert in der Regel 28 Tage.
Beim Verlassen des Nestes werden die Eier mit Nistmaterial zugedeckt und versteckt.

*Klee gehört zu den beliebtesten Nahrungsmitteln.
Junge Gössel können sich glücklich schätzen, denn sie werden
von beiden Elternteilen beschützt und wachsen wohlbehütet auf.*

Die jungen Gössel werden vom Gänsepaar streng überwacht.
Trotzdem hat bei dieser Familie ein Gänsejunges die Nacht nicht überlebt.
Bei Gänsen üblich: Vorne befindet sich die Mutter, zum Schluss schwimmt der Ganter.

Inzwischen haben die drei Kleinen schon eine stattliche Größe erreicht.
In der ersten bis dritten Lebenswoche wird das Dunenkleid
– beginnend im Schulter- und Schwanzbereich – durch das Jugendkleid ersetzt.

Gänse sind auch schon im Jugendalter typische Gras- und Kleefresser. Kräuter und Sämereien stehen ebenfalls auf dem Speiseplan, und auch kleine Insekten werden von den Gösseln nicht verschmäht.

Mehr und mehr nimmt die junge Gans die Merkmale der Erwachsenen an.

Die Altgans fliegt vorneweg. Bei der Junggans sind die typischen Merkmale sichtbar: schmaler Hals, schwarzer Schnabelnagel, dunklerer Schnabel, abgerundete Deckfedern.

Der Abflug wird mit lautem Geschnatter angekündigt. Mit den Flügeln schlagend laufen die Gänse beim Start über das Wasser.

Zunächst fliegen die Gänse – hier eine andere Gruppe als links unten – in geringer Höhe übers Wasser. Nach und nach macht sich ein Trupp nach dem andern zu den Äsungsflächen auf den Feldern auf. – Die Familienverbände bleiben bis zum nächsten Frühjahr zusammen.

Zwischendurch suchen die Graugänse ein Trinkgewässer auf. Hier können sie eine Pause einlegen und das Gefieder putzen. In der Bildmitte im Hintergrund ein Graureiher.

Graugänse benötigen Grasflächen zur Äsung und als Ruheplätze.

Stoppelfelder, erst kurz zuvor abgeerntet, bieten noch reichlich Nahrung und haben eine hohe Anziehungskraft. Morgens werden vor Sonnenaufgang diese Felder aufgesucht.

Der Volksmund sagt, dass sieben Gänse so viel wie eine Kuh fressen. Der Futterbedarf einer Gans liegt bei etwa einem Kilo Gras. Für kleine genügsame Rinder mag die Rechnung zutreffen, nicht aber für Hochleistungsrinder. Die brauchen nämlich mehr als fünfzig Kilo.

Äußerlich sind Ganter und Gans kaum zu unterscheiden. Auf diesem Bild erkennt man aber die etwas kräftigere Gestalt des Männchens. In der Regel haben die Ganter, wie auf dem Foto sichtbar, die Wächteraufgabe.

Ein Himmel voller Gänse.
Ein großer Trupp zieht Richtung Schlafgewässer.

Auch diese Gänse ziehen am späten Abend zum Schlafgewässer. Werden sie getrennt, so versuchen sie sich auch nachts mit Hilfe der Stimme zu finden. Jede Gänseart hat ihr charakteristisches Rufen! Mit etwas Übung kann man so die Arten schon von weitem unterscheiden.

Aufmerksam beobachtet diese Gans, wer sich am Abend am See aufhält.

Gänseflug im Abendrot.
Da schlägt nicht nur das Herz eines Jägers höher!

Bis Sonnenaufgang bleiben die Gänse auf dem Schlafgewässer.
Dann ziehen sie rasch in kleinen Trupps zu den Äsungsflächen.

Der See ist fast vollständig zugefroren. Nur noch ein kleiner Teil ist offen.
Hier fallen Gänse und Enten ein.

Unter Tags gehen die Gänse auf Nahrungssuche.
Auch einige Blässgänse haben sich unter den Trupp Graugänse gemischt.

Am nächsten Morgen wird weitergegrast, wobei mindestens eine Gans Wache hält. Auf gefrorenen Böden bleibt die Beweidung ohne nachteilige Folgen. Abhängig von Bodenzustand, Feldfrucht und Witterung kann Gänsebeweidung für die Landwirtschaft sowohl vorteilhaft als auch schädlich sein.

Das Flügel- und Beinstrecken gehört zur Morgengymnastik.
Das Flügelstrecken zeigt auch die Abflugbereitschaft an.

Nebel zieht auf, der See ist zugefroren.
Die meisten Wasservögel haben dieses Gewässer bereits verlassen.

Kurzer Wintereinbruch mit Schneegestöber. Dauert er länger an,
dann ziehen die Gänse weiter in Richtung Süden.

Solange die Wiese vom Schnee unbedeckte Stellen zeigt, ist noch Nahrung verfügbar.

Altes Gänsepaar im Schnee.
Dass es alt ist, erkennt man an der schwarzen Bruststreifung.

SCHWERGEWICHT AUS NORDAMERIKA

Kanadagans

Ursprünglich war die Kanadagans, wie schon der Name verrät, nur in Nordamerika verbreitet. Bereits im 17. Jahrhundert wurde sie als Ziervogel in Europa gehalten, und erst viel später breitete sie sich als Gefangenschaftsflüchtling in Deutschland aus: Kanadagänse wurden hier in den 1950er-Jahren vereinzelt als Durchzügler beobachtet, häufig waren sie damals aber noch nicht. Erst in den letzten fünfundzwanzig Jahren kam es zu einem deutlichen Anstieg. Heute sieht man sie sogar an Gewässern von Parkanlagen in Städten, wo sie auch brüten.

Die Kanadagans *(Branta canadensis)*, am schwarzen Hals und weißen Kinnband sehr gut zu erkennen, ist mittlerweile die weltweit häufigste Gänseart. Sie ist etwas größer als die Graugans und damit in Europa der größte Vertreter der Gänseartigen, wobei man innerhalb der Gruppe der Kanadagänse verschiedene Unterarten unterscheiden kann. Dazu gehört zum Beispiel die Zwergkanadagans. Das Gewicht der Kanadagans beträgt etwa drei bis sechs Kilogramm. Sie kann aber auch noch schwerer werden.

Das Gelege besteht meist aus vier bis sieben Eiern, Ende April beginnt die Kanadagans mit der Brut. Das Männchen hält sich in der Nähe des Nestes auf und bewacht es. Das Nest wird gegen Eindringlinge vehement und mutig verteidigt, Artgenossen oder andere Wasservögel, die sich in Nestnähe aufhalten, werden vertrieben.

Wie die meisten Enten und Gänse brütet auch die Kanadagans ungefähr 28 Tage. Brutbeginn ist häufig etwas später im Jahr als bei der Graugans. Unmittelbar nach dem Schlupf verlassen die jungen Gössel zusammen mit den Elterntieren das Nest. Im Gegensatz zu Enten benötigen Gänseküken für ihre Entwicklung Gras und Klee, dazu suchen sie frische Grasflächen auf, die in Ufernähe liegen. Da Gänse in den ersten Lebenswochen nicht fliegen können, halten sie sich immer in Gewässernähe auf. Die jungen Kanadagänse wachsen wohlbehütet im Familienverband auf, der sich oft erst im Folgejahr auflöst.

Das Alter von Kanadagänsen ist nicht einfach einzuschätzen, am ehesten ist es am Verhalten und an den Federn zu erkennen. An den verwaschenen noch blasseren Federn und stärkeren Abrundungen der Federspitzen erkennt man die Junggans, auch ist ihr Hals nicht ganz so tiefschwarz wie bei der erwachsenen. Erwachsene Tiere sind auch im Spätherbst noch etwas größer als die Jungvögel.

Wie die Graugänse, fliegen Kanadagänse in der Früh von den Gewässern zu den Nahrungsplätzen, abends kommen sie zum Schlafgewässer zurück, wo sie die Nacht verbringen.

Mit kräftigen Flügelschlägen gewinnt das Kanadaganspaar an Höhe.
Ziel sind die Binsen in der Nähe, wo das Nest angelegt werden soll.

Wie bei anderen Gänsen ist der Flug der Kanadagänse ständig von lautem Geschnatter begleitet.

Ordnen des Gefieders, Einfetten und Baden folgen zeitlich oft aufeinander.

Die Graugans duldet an ihrem Brutplatz keine anderen Gänse und versucht die Eindringlinge zu vertreiben. Am Ende brüten beide, Graugans und Kanadagans in nur zehn Metern Entfernung friedlich nebeneinander.

Der ausgestreckte Hals ist typisch, wenn der Gegner verscheucht werden soll.

Luftkampf auf Gänsemanier – er dauert so lange, bis beiden Gantern die Lust auf den Streit vergeht. Mitunter können derartige Streitigkeiten aber auch zum Verlust des Geleges führen.

Die Paarung findet im Wasser statt. Das ist bei Gänse- und Entenvögeln üblich.

Nach 28 Tagen Brutzeit sind sechs Gössel geschlüpft.
In den Anfangswochen sind die Verluste am größten.

Auch bei Kanadagänsen werden die Jungen von beiden Elternteilen geführt.

Beim Überqueren eines Weges sind Gans und Ganter wachsam.

Gänse, auch die Junggänse, sind fast reine Grasfresser.

Ein Stockerpel hat sich zur Gänseschar gesellt.
Außerhalb der Brutzeit herrscht zwischen den Arten Frieden.

Die ursprünglich aus Nordamerika stammende Kanadagans ist die weltweit häufigste Gänseart.

Im Flug bleiben die Gruppenmitglieder, ständig laut rufend, in Kontakt, sodass man sie schon von weitem hören kann. Meistens werden sie von einem erfahrenen Tier angeführt.

Früh morgens fliegt ein Trupp Kanadagänse vom Wasser zu den Nahrungsgebieten, am Abend kommen sie zu den Schlafgewässern zurück. Zwischendurch werden Trinkgewässer aufgesucht.

Kanadagänse wehren sich bei Gefahr auch gegen größere Feinde.
Der schwarze Hals mit dem weißem Gesichtsfleck macht das Erkennen leicht.

Gänse sind Feinschmecker – frisches Grün wird bevorzugt.

Die Leitgans bestimmt die Richtung. Wie auf einer Perlenschnur aufgefädelt folgen die übrigen Familienmitglieder.

Das Ziel der Kanadagänse ist das abgeerntete Getreidefeld.

Mit dem charakteristischen Kanadagansgeschrei setzen diese beiden Gänse zur Landung an.

Ein normaler Wintereinbruch ist für die aus Nordamerika stammende Kanadagans kein Problem.

Kanadagänse sind mittlerweile in Europa fest etabliert.

Nilgans

Die Nilgans ist deutlich kleiner als die Kanadagans, und sie ist auch kleiner als die Graugans. Ihr Gewicht liegt bei 1,7 bis 2,2 Kilogramm. Ursprünglich stammt die Nilgans aus Afrika. Als Ziervogel wurde sie in England gehalten und hat sich aufgrund milder gewordener Winter als Gefangenschaftsflüchtling über die Niederlande nach Deutschland ausgebreitet. Inzwischen kommt die Nilgans, welche zu den Halbgänsen gerechnet wird, in fast ganz Deutschland in freier Wildbahn vor, hat auch Österreich schon erreicht und breitet sich weiter aus.

An ihren Lebensraum stellt die Nilgans recht wenig Ansprüche. Die pflanzliche Nahrung findet sie auf abgemähten Feldern und Wiesen. Im Gegensatz zu anderen Gänsen benötigt die Nilgans nicht zwingend größere Gewässer. Durch ihre hohe Anpassungsfähigkeit vergrößert sie ihren Ausbreitungsbereich. An etlichen Flüssen, etwa an der Mosel, haben sich längst stabile Bestände gebildet. Inzwischen gibt es in Deutschland schon einige tausend Brutpaare, deren Anzahl weiter ansteigt.

In der Regel sieht man die Nilgänse paarweise, die Reviere werden gegen andere Paare vehement verteidigt. Nilgänse gelten als sehr streitlustig. Die afrikanischen Gänse zeigen zu Beginn der Brutzeit ein aggressives Verhalten gegenüber Artgenossen und auch gegenüber anderen Wasservögeln, wie der Stockente. Sind einmal die Fronten geklärt, dann wird auch die Nilgans etwas ruhiger. Es wurde auch beobachtet, dass Nilgänse Greifvögel wie Milan, Bussard oder Wanderfalke vom Nest vertrieben, um dann dort selbst Eier abzulegen und zu brüten. Daher kann die Ausbreitung der anpassungsfähigen und aggressiven Gänsevögel den Bestand heimischer Vogelarten beeinträchtigen.

Nilgänse sind nicht an eine bestimmte Brutzeit gebunden. Die Halbgänse sind näher mit Enten und Sägern verwandt als mit echten Gänsen. Die vier bis acht Eier werden rund einen Monat lang bebrütet. Über das ganze Jahr sind Bruten möglich, und zu fast allen Jahreszeiten kann man Gänse antreffen, die Junge führen. Die Gössel werden von beiden Elterntieren geführt. Nilgänse sind, wie die anderen Gänse auch, Nestflüchter. Am dunklen Brustfleck und am braunen Augenfleck unterscheidet man Altvögel von Jungvögeln, welche diese Kennzeichen noch nicht besitzen. Nach etwa siebzig Tagen werden die Jungvögel flügge, gehören aber noch weiterhin dem Familienverband an.

Die Bestände der Nilgans sind im Steigen begriffen. Die Nilgans stellt damit eine Wildart dar, die für die Zukunft einen besonderen Stellenwert erreichen kann.

Wie bei anderen Wasservögeln ist auch bei der Nilgans Gefiederpflege ein wichtiger Bestandteil des Komfortverhaltens, mit dem sie einen großen Teil der Zeit verbringt.

Nilgänse zeigen besonders in der Brutzeit gegenüber Artgenossen und auch gegenüber anderen Wasservögeln ein mitunter aggressives Verhalten.

Kopfweiden in Seenähe bieten nicht nur Nilgänsen, sondern auch Stockenten Brutplätze.

Natürliche Überschwemmungszonen – sie sind für Nilgänse und anderes Wasserwild interessante Gebiete. Gleichzeitig sind sie ein bedeutsamer Hochwasserschutz.

Nilgänse trifft man meistens paarweise an.

Nicht anders als bei anderen Gänsen: Beide Elterntiere führen die Jungen.

Während der Altvogel wacht, können die Gössel in Ruhe weiden.
Hier besonders gut zu sehen: der dunkle Brustfleck.

Im Gegensatz zu anderen Gänsen, ziehen Nilgänse zu fast jeder Jahreszeit ihre Jungen groß.

Heranwachsende Gössel legen schnell an Gewicht zu.

Noch tragen die jungen Gänse das Jugendkleid. Die Gesichtszeichnung ist anders, und auch der beim Altvogel typische dunkle Brustfleck fehlt.

Nilgänse halten sich meist im Uferbereich auf, den wachsamen Tieren entgeht fast nichts.

Der Energiebedarf bei Gänsen steigt beim Fliegen bis auf das Zwölffache des Grundumsatzes, daher fliegen Gänse bei kaltem Wetter erst später auf.

Für die aus Afrika stammende Nilgans sind heiße Temperaturen kein Problem. Eine Nilgans überfliegt hier das Gewässer. Auch Graugänse, Löffler, Enten und Hochland-Rinder halten sich während der heißen Mittagsonne am Gewässer auf.

Bereits in den frühen Morgenstunden besuchen die Nilgänse die nahegelegenen Feldkulturen. Verkoten, Zertreten und Abfressen: In der Landwirtschaft sind Gänse unbeliebt.

Auf frisch gedrillten und auflaufenden landwirtschaftlichen Flächen und unzureichend bewurzelten Getreidefeldern können Gänse Schäden anrichten.

Auch an den Flussläufen mancher europäischer Mittelgebirge sind Nilgänse keine Seltenheit mehr.

Bei dieser jungen Nilgans sind der charakteristische Augenfleck und die Halsfärbung noch nicht vollständig ausgeprägt.

Wintereinbruch am Wasser.

Die aus Afrika stammende Nilgans hat sich auch an frostige Temperaturen angepasst.

Nur einmal im Jahr

Gänsemauser

Bei Gänsen sind Männchen und Weibchen gleich gefärbt. Am Gefieder sind Geschlechter der Gänsearten also nicht unterscheidbar. Graugans, Kanadagans und Nilgans haben keinen Geschlechtsdimorphismus, bei dem sich männliche und weibliche Individuen deutlich voneinander unterscheiden. Daher verläuft die Mauser bei Gänsen auch anders als bei Enten. Gänse mausern nur einmal im Jahr (Vollmauser) und beginnen die Mauser mit den Schwungfedern, dann sind sie etwa vier Wochen flugunfähig. Die Mauser bei den Graugänsen beginnt in der Regel Mitte Mai und endet Mitte Juni. Bei den Brutvögeln beginnt sie später.

Über Jahrhunderte dienten Gänsefedern als Schreibgerät, daher sammelte man früher die Schwungfedern von Gänsen. Für den Rechtshänder war ein Federkiel der linken Schwinge vorteilhaft. – Gänsedaunen und Federn werden auch gern als Füllmaterial für Bettdecken und Jacken benutzt.

Da die Tiere in der Zeit der Schwingenmauser flugunfähig sind, suchen sie sichere Orte auf. Oft halten sich Gänse in der Zeit der Mauser in Großstädten an größeren Gewässern und Parkanlagen auf, weil sie hier Nahrung finden und Beutegreifer seltener sind. Durch das Auftreten in Siedlungsgebieten entsteht oft der falsche Eindruck einer Überpopulation. Besonders weil sich die Gänse aus Sicherheitsgründen auf kleinen Arealen in Wassernähe tummeln, kann es zu Verschmutzung durch Gänsekot kommen.

Die gleichen Gänse, die in der Stadt ein recht zutrauliches Verhalten zeigen, sind außerhalb des Stadtgebietes sehr scheu.

Während der Mauser ist es ziemlich einfach, die Tiere zu fangen und zu beringen, die späteren Ringfunde erlauben Rückschlüsse auf Aufenthaltsgebiete und auf die Raumnutzung. So konnte etwa nachgewiesen werden, dass in Hamburg beringte Vögel bis Frankreich oder Spanien geflogen sind.

Graugänse, die Junge führen, mausern in der Regel, wenn die Gössel vier Wochen alt sind. So ist die Mauser der Altvögel abgeschlossen, wenn die Jungen etwa acht Wochen alt sind, also flügge werden.

Natürlich halten sich die Tiere während der Mauser immer im Uferbereich auf, damit sie bei Gefahr gleich ins Wasser hinein flüchten können.

Das Federkleid der Junggänse unterscheidet sich von dem der Altvögel durch eine verwaschenere Struktur und blassere Farbe. Die Federspitzen sind bei Junggänsen rundlicher.

Die Mauserzeit der Kanadagänse ist etwas später, sie verlieren von Mitte Juni bis Mitte Juli ihre Schwungfedern.

Verluste

Gans in Gefahr

Die Verluste bei den Wasservögeln beginnen mit der Eiablage. Manchmal schlüpft kein einziges Junges. Die Gründe sind unterschiedlich. Da Gänse und Enten sehr früh im Jahr brüten, sind gerade sie auf ausreichend Vegetation aus dem Vorjahr angewiesen. Altgras, Brennnessel und Schilfgürtel bieten Schutz. Nur gut geschützte Nester haben überhaupt eine Chance, bebrütet zu werden. Wanderratten, Krähenvögel, Fuchs und Schwarzwild gehören zu den häufigsten Eierdieben. Obwohl die Eier beim Verlassen bedeckt werden, finden die Räuber sie. Auch den Altvögeln droht in der Brutzeit Gefahr durch Beutegreifer, und so manche Ente oder Gans wird ein Opfer des Fuchses. Frühjahrshochwasser können Gelege erwischen und weggespülen.

Auch nach dem Schlupf der Küken ist die Liste an Gefahren groß. Nasskaltes Wetter sorgt in den ersten Lebenstagen des Nachwuchses für hohe Verluste. Die Jungvögel kühlen aus und sterben an der Unterkühlung oder an Infektionskrankheiten.

Für Enten ist eine ausreichende Insektennahrung wichtig. Gänse brauchen Junggras und Klee. Auf dem Wasser kann es zu Angelschnurverletzungen kommen, ferner sorgen Raubfische, Fischreiher und der Seeadler für Gefahren auf oder am Wasser. Artgenossen, Blässhühner, Schwäne und Möwen können für junges Wasserwild ebenfalls zur tödlichen Bedrohung werden.

Nicht weniger gefährlich ist es aber auf dem Land. Ausfälle durch freilaufende Hunde, durch Füchse, Waschbären und Schwarzwild sind möglich. Überlandleitungen können zu Verlusten während des Fluges führen. Greifvögel, etwa der Wanderfalke, schlagen in der Luft Enten oder sogar schwache Gänse. Der Seeadler greift die Wasservögel am Ufer oder auch über dem Wasser an. Beim Anflug eines Adlers fliegt die ganze Schar auf. Erschöpfung, Krankheit und Kälte während der Zugphase fordern ebenfalls ihren Tribut. Besonders bei den noch nicht ausgewachsenen Tieren sind die Verluste extrem hoch, sodass nur wenige das Erwachsenenalter erreichen.

Natürlich stellt auch die Jagd auf das Wasserwild eine nicht zu unterschätzende Gefahr für die Vögel dar. In manchen Gebieten dürfen Gänse nicht bejagt werden, auch für Enten gibt es in einigen Regionen Schongebiete.

Zum Schluss sei noch der Verlust an Lebensraum und die Intensivierung der Landwirtschaft mit dem Einsatz chemischer Mittel (Insektizide und Pestizide) als Todesursache genannt.

Da bei Gänsen die Jungvögel von beiden Eltern streng bewacht werden, sind die Verluste etwas geringer als bei den Entenvögeln.

Der Fischadler, der keinen Kropf besitzt, frisst ausschließlich Fisch und ist keine Gefahr für Gänse oder Enten. Bei der Jagd taucht er ganz unter Wasser.

Mit Blick nach oben lotet der Erpel die Lage aus und schätzt die Gefahr ab. Entwarnung, es ist nur ein harmloser Fischadler!

Eine Rotte Schwarzwild hält sich am Ufer des Baches auf. Eier gehören zu den Lieblingsspeisen der Schwarzkittel. Zwar hat die Ente selbst flüchten können, aber von ihrem Nest ist nichts mehr übriggeblieben.

Ahnungslos schwimmen die Enten am Ufer entlang. Der Fuchs wartet geduldig auf seine Chance. Jetzt unter Tags wird es ihm jedoch kaum gelingen, einen gesunden Vogel zu erbeuten.

Der Fuchs ist ein gewiefter Jäger. Die Jagd auf Wasserwild übt er mit allen Tricks und größter Schläue aus. Hier hat er sich zunächst – scheinbar völlig uninteressiert – möglichst nahe herangeschlichen. Doch dann folgt ein Überraschungsangriff, dem die Nilgänse nur knapp entkommen kann.

Eine andere ausgeklügelte Methode: sich schlafend stellen. Auch das hat schon zu manchem Jagderfolg des Fuchsrüden geführt.

Wasserwild hat viele Fressfeinde: den Seeadler genauso wie den Habicht, …

… die Rabenkrähe, …

… den Hecht, …

… den Wels, …

… die Mantelmöwe, …

... Waschbär und ...

... Fuchs, ...

... Marderhund und ...

...Wildschwein, sowie ...

... Dachs und ...

... Fischreiher.

Gänsezug

Keilform am Himmel

Wenn der Beobachter im Spätherbst Gänse in Keilformation hoch oben am Himmel fliegen sieht, kann er nur ahnen, woher sie kommen. Die langen Sommertage und das reichhaltige Nahrungsangebot nördlicher Breiten bieten vielen Wasservögeln ausgezeichnete Grundlagen für Brut und Jungenaufzucht. Nach einem kurzen Sommer in den arktischen Gebieten fallen die Temperaturen rasch, und so beginnt für einige Arten bereits im August die Reise in Richtung Süden. Der frühe Wintereinbruch im hohen Norden Europas führt dazu, dass sich tausende Gänse und Enten auf den langen Weg machen.

Wasservögel ziehen in der Regel nur so weit, wie es notwendig ist; viele sind Teilzieher und machen die Strecke abhängig vom Frost. Dies ist der Grund, warum sich im Herbst und Winter deutlich mehr Wasservögel in hiesigen Gewässern tummeln als im Sommer.

Die Zugstrecke kann einige tausend Kilometer betragen. Im Herbst lassen sich die Tiere in der Regel mehr Zeit als beim Rückflug in die nördlichen Brutgebiete im Frühjahr, weil sie Pausen in geeigneten Nahrungsgebieten einlegen. Bei der Zwischenrast werden Energiereserven angelegt. – Tagesflüge von einigen hundert Kilometern sind dabei keine Seltenheit. Gänse ziehen mit 50 bis 70 Kilometer pro Stunde, Enten fliegen deutlich schneller. Orientierungshilfen sorgen für den richtigen Kurs. Abgesehen von Sternbildern, Landmarken, Flussläufen spielt auch die Orientierung am magnetischen Erdfeld eine Rolle.

Bevor die Gänse die lange Reise antreten, sammeln sie sich an bestimmten Rastplätzen, wo einige tausend Tiere zusammenkommen. Hier bereiten sie sich auf die Strapazen vor und nehmen an ungestörten Orten kalorienreiche Nahrung zu sich. Auf unzureichend bewurzelten Getreidefeldern können solche Gänsescharen beträchtliche Schäden anrichten. Auf gut bestockten Flächen kann es aber bei mäßiger Beweidung auch zu einer Ertragsteigerung kommen.

In einzelnen Trupps ziehen die Gänse in Keilformation am Himmel. Diese Keilformation bringt den Vögeln nennenswerte Vorteile. Beispielsweise brauchen die hinteren Vögel durch die Sogwirkung weniger Energie. Forscher haben errechnet, dass die im Schlepptau fliegenden Vögel um bis zu ein Fünftel weniger Energie brauchen! Angeführt wird der Keil von erfahrenen, kräftigen Tieren, und die Poleposition wird von Zeit zu Zeit gewechselt.

Drei Monate bleiben die Vögel in den nördlichen Brutgebieten, dann kehren sie ins Winterquartier zurück. Besonders für die Jungvögel bedeutet die lange Reise eine enorme Strapaze.

Vier Gänsearten bei der Mittagsruhe: Graugänse, Blässgänse, Nilgänse und Saatgänse.
Vor den großen Wanderungen im Herbst und Frühjahr benötigen sie energiereiche Nahrung.

Ein Himmel voller Gänse – am Abend zieht die Gänseschar zum Schlafgewässer.

Diese junge Blässgans hat nach der langen Wanderung aus Erschöpfung den Anschluss verloren. Nach einem halben Tag Pause war sie aber wieder fit und schloss sich einer anderen Gruppe an.

Normalerweise leben diese Gänse in den Weiten der Tundra und Arktis.
Hier erleben sie die Zivilisation aus der Nähe.

Ein großer Schwarm Blässgänse im Winterquartier.
Bei Gefahr fliegen sie auf. Hier wurde die Gänseschar durch einen Seeadler aufgescheucht.

Tausende Blässgänse im Winterquartier auf engstem Raum. In der Brutzeit sind sie über unendlich große Flächen Sibiriens und Skandinaviens verstreut.

In V-Formation wird die Rückkehr in die Sommerquartiere angetreten. Unter die Blässgänse hat sich eine Nonnengans gemischt (3. von hinten).

Wasserwild einmal anders

In der Nähe des Wassers findet nicht nur das übliche Wasserwild seinen Lebensraum. Man kann hier auch eine Menge anderer Wildtiere beobachten – etwa Rot- und Damwild, Sauen, Füchse, Waschbären und Nutrias. Zum Teil ist hier der Jäger gefordert, da Schwarzwild, Füchse oder auch Waschbären seltene oder gar bedrohte Arten gefährden können. Waschbären etwa stammen aus Nordamerika, wurden in Europa ausgesetzt und haben sich mittlerweile in vielen Ländern massiv ausgebreitet. Sie können Bodenbrüter, wie etwa Wasserralle oder Rohrdommel, gefährden.

Hirsche und Sauen lieben den an Deckung reichen Ufer- und Schilfbereich. Beide halten sich gern in Gewässernähe auf und suhlen sich oft im Schlamm, wodurch lästige Insekten abgewehrt werden. Problemlos rinnen sie durch größere Gewässer und sind alles andere als wasserscheu. Schwarzkittel sind Allesfresser und ernähren sich mit Vorliebe von tierischer Kost. Eier und Jungvögel sind ständig in Gefahr, wo Schwarzwild vorkommt. Sauen sind winterhart und kommt auch mit frostigen Temperaturen gut zurecht. Nach einer Tragzeit von etwa vier Monaten kommen in der Regel im März die Frischlinge zur Welt.

Im Gegensatz zum Reh hat Rotwild mit der Nässe kein Problem und ist auch bei Regen unterwegs. Mitte September ist Hirschbrunft, da sammelt sich das Kahlwild am Brunftplatz. Der Platzhirsch gesellt sich hinzu und macht sich durch lautes Röhren bemerkbar. Einen Monat später, im Oktober, ist die Brunft der Damschaufler.

Reh- und Damwild, welches an heißen Tagen nicht zwingend Wasserflächen zum Schöpfen benötigt, da der Wasserbedarf über Tau und feuchte Nahrung gedeckt werden kann, sucht dennoch gerne Seen, Bachläufe oder Wasserlöcher auf, um dort zu schöpfen.

Die ersten Rothirsche werfen Mitte Februar das Geweih ab. Das neue Geweih fängt unmittelbar danach an zu wachsen und wird Ende Juli verfegt. Damhirsche werfen, je nach Alter, erst Anfang April ab und verfegen Ende August. – Ab Mitte Oktober wechselt der Rehbock sein Gehörn und verfegt im Lauf des Frühjahrs, wobei junge Böcke Anfang Mai oft noch im Bast sind.

Nutrias stammen aus Südamerika. Man hielt sie in Europa für die Pelzzucht. Inzwischen findet man die Nager an vielen Gewässern in freier Wildbahn, wo sie im Uferbereich Schäden anrichten, Ähnliches gilt für den Bisam.

Tatsache ist: Der Uferbereich von Wasserflächen ist nicht nur für Gänse und Enten interessant, sondern es finden dort viele Säugetierarten und seltene Vogelarten einen Lebensraum und können dort beobachtet werden.

Seine Majestät auf der Reise durchs Wasser.

Die Nacht war frostig, der See ist zugefroren.
Ein Rudel Damwild zieht am See entlang.

Höckerschwan – seinen Namen hat er vom schwarzen Höcker am Schnabelgrund.
Erwachsene Männchen erreichen Gewichte von mehr als zehn Kilogramm.

Die beiden Damhirsche haben abgeworfen, und es bilden sich unter der Basthaut gerade neue Schaufeln. Erstaunt äugen die Hirsche zum See hinaus, wo sich die Blässhühner wieder einmal einen heftigen Streit liefern.

Blässhühner beim Revierkampf. Keiner der beiden Streithähne möchte aufgeben.

Vorsichtig und immer auf der Hut nähert sich das Damtier mit seinem Kalb dem Wasser, um zu schöpfen.

Die Fuchsfähe hat Beute gemacht, ein junges Teichhuhn hängt mit den schwarzen Ständern aus dem Fang …

… Dem Jungfuchs ist der erfolgreiche Beutezug nicht entgangen, er wird seine kleine Portion erbetteln und eilt herbei. Die beiden Kiebitze haben von dem Jungfuchs nichts zu befürchten.

Die erkletterte Binse dient als Aussichtspunkt, von hier oben kann der Fuchs den See besser überblicken und wird vom plötzlichen Start des jungen Löfflers sichtlich überrascht.

Der Fuchswelpe hat bereits eine stattliche Größe erreicht und wird nun in die Kunst der Wasserwildjagd eingeführt.

Im Schilf- und Binsengürtel treibt sich das Schwarzwild herum.
Im weichen Boden finden sie viel Nahrhaftes.

Für die Rohrdommel gilt jetzt erhöhte Alarmbereitschaft. Zwar ist sie durch ihr Federkleid besonders gut getarnt, aber dem Geruchssinn der Schwarzkittel entgeht fast nichts.

Bei leichtem Schneefall und fehlender Eisdecke gibt es für die meisten Wasservögel – hier ein Silberreiher – noch ein ausreichendes Nahrungsangebot.

Am See schiebt sich einsam dieser Basse wie ein Schneepflug durch den hohen Schnee. Bei dieser Schneelage ist das Wasserflugwild bereits abgewandert.

Nutrias sind zwar fast reine Pflanzenfresser, aber Muscheln werden doch auch gerne genommen.

Am Wasserwild haben die Nutrias kein Interesse – wie man auf diesen Bildern sieht.

Rehgeiß und Kitz schöpfen am See.
Das Kitz wurde Anfang Mai gesetzt – vor gut zwei Monaten.

Ende Juli, Anfang August – Rehbrunft!
Dieser Bock trägt ein ungewöhnliches Geweih.

Diesem Gabelbock juckt die Decke.
Im Uferbereich können die Stechmücken eine wahre Last werden.

Rehwild ist die häufigste Schalenwildart in Europa und in nahezu jedem Revier vorhanden. Rehe halten sich gerade an heißen Tagen gerne in Wassernähe auf.

Die Geiß fühlt sich mit ihrem Kitz hier im Uferbereich sichtlich wohl. Die Beiden sind fast täglich hier anzutreffen.

Vom Austernfischer bis zur Zwergdommel

Bunte Welt der Wasservögel

In Europa lebt eine Vielzahl von Entenarten. Fast jeder kennt die Stockente, deren Leben uns die ersten Seiten dieses Buches nähergebracht haben. Ähnlich kennt man bei den Gänsen vor allem die Graugans, die ebenfalls auf früheren Seiten vorgestellt worden ist. Aber sonst? Den Naturfreund, genauso aber den guten Jäger faszinieren auch alle anderen Wasservogelarten, und er wird gerne Grundkenntnisse erwerben und Unterscheidungsmerkmale studieren.

Bevor wir uns auf eine fotografische Reise durch die Welt einiger weniger bekannter Wasservögel machen, seien noch ein paar grundsätzliche Dinge vorweggestellt.

Stockenten sind sogenannte *Schwimmenten* und können senkrecht aus dem Wasser aufstehen. Schwimmenten gründeln nach Nahrung, typisch für sie ist auch der Spiegel, ein schillerndes Federfeld an den Flügeln.

Tauchenten sind Bewohner größerer Seen, sie tauchen nach Nahrung und liegen mit dem Rumpf etwas tiefer im Wasser. Um aus dem Wasser aufzusteigen, müssen sie ein Stück über das Wasser laufen. – Es gibt auch noch *Meerenten*, diese brüten fast ausschließlich in der Arktis. Außerhalb der Brutzeit findet man sie in der Regel auf dem Meer. Im Binnenland kommen sie so gut wie nie vor, daher werden sie hier auch nicht weiter aufgeführt.

Eine Sonderstellung nehmen die *Halbgänse* ein, die sowohl Merkmale von Enten als auch von Gänsen aufweisen. Zu ihnen gehören die Nilgans und die Brandgans.

Bei den Gänsen kennt man die Meergänse und die Feldgänse. Zu den *Meergänsen* zählt man Kanadagans, Weißwangengans (auch: Nonnengans), Streifengans und Ringelgans. Zu den *Feldgänsen*, man nennt sie auch „Echte Gänse", gehören Graugans, Blässgans, Saatgans, Zwerggans und Kurzschnabelgans.

Viele Gänsearten aus dem Norden kommen nur als Wintergäste zu uns. Die Lebensräume und Brutgebiete der arktischen Gänse erstrecken sich über tausende Quadratkilometer. Mandarin-Ente, Streifen- und Rothalsgans stammen aus Asien, man trifft sie aber gelegentlich bei uns in freier Wildbahn an.

Auch wenn diese am augenfälligsten sind: Es gibt an den mitteleuropäischen Gewässern nicht nur Enten und Gänse. Den Graureiher kennt ebenfalls jeder, aber es gibt auch noch viele andere Reiherarten. Ferner findet man die unterschiedlichsten Taucher an den Gewässern Europas, außerdem Schnepfenvögel, Watvögel, Möwen und Rallen, zu denen Blässhuhn, Wasserralle und das Teichhuhn gehören. Diesen weniger bekannten Wasservögeln sollen die nächsten Seiten dieses Buches gewidmet sein...

Saatgänse

Blässgänse

Zwerggänse

Kurzschnabelgans

Weißwangengänse (Nonnengänse)

Ringelgänse

Streifengans

Rothalsgans

Brandgans

Rostgänse

Graugans-Hybrid

Kanadagans-Hybrid

Löffelente

Pfeifente

Schnatterenten

Spießente

Knäkente

Krickenten

Mandarin-Enten

Enten-Hybrid

Tafelente

Reiherente

Kolbenente

Moorente

Haubentaucher

Ohrentaucher

Schwarzhalstaucher

Zwergtaucher

Gänsesäger

Zwergsäger

Teichhuhn

Wasserralle

Uferschnepfe

Austernfischer

Silberreiher

Purpurreiher

Seidenreiher

Nachtreiher

Zwergdommel

Singschwan

Mit Hund und Flinte

Jagd

Wildenten und Wildgänse leben in völliger Freiheit. Im Gegensatz zu Haustieren kennen sie keine Umzäunung oder enge Stallhaltung auf kleinstem Raum. Ein Leben in Freiheit bedeutet aber auch jede Menge Gefahr. Die meisten Wildwasservögel verlieren ihr Leben bereits in den ersten Lebenstagen.

Auch der Jäger nimmt sich einen Teil des Wildes zum Verzehr. In einer Zeit, in der Fleischgewinnung immer mehr zur Industrie geworden ist, ist Jagd mit Abstand die natürlichste Art der Fleischgewinnung. Die Verwertung des erlegten Wildes beschränkt sich aber nicht nur auf das geschmackvolle, gesunde, nährstoffreiche Fleisch, sondern man kann auch die Daunenfedern als Füllmaterial und für die Wärmedämmung nutzen.

Es gibt ganz verschiedene Arten, Enten und Gänse zu bejagen. Reizvoll und Erfolg versprechend etwa ist die Jagd auf dem Enten- oder Gänsestrich. Bei dieser Jagdart werden spät am Abend oder sehr früh am Morgen die einfallenden oder vom Gewässer ausfallenden Gänse und Enten beschossen. Unabdingbar ist dabei das sorgfältige Auskundschaften der Flugrouten durch den Jäger. Vor dem Schuss sind dann Geduld und Ruhe gefragt. Der Jäger muss so lange warten können, bis das in schnellem Flug einfallende Wild eine Entfernung erreicht hat, die einen Schuss erlaubt.

Die Wasserwildjagd kann auch als Treibjagd angelegt werden. Dabei wird ein Gewässer von mehreren Schützen umstellt. Sie beziehen am Ufer ein Versteck – einen „Schirm". Damit die Schützen dort für andere Jäger erkennbar sind, müssen sie ein Signalband oder eine Signalweste tragen. Bei guter Vorbereitung und ruhigem Aufsuchen der Stände sind bei einer solchen Jagd durchaus passable Strecken möglich. Haben alle Schützen ihren Stand erreicht, dann erfolgt von einem erfahrenen Jäger der sogenannte Hebeschuss, der das auf dem Wasser liegende Wild auffliegen lässt. Für die Mitjäger ist das das Zeichen des Jagdbeginns. Nun kann das abstreichende Wild beschossen werden – sofern es nahe genug ist.

Eine weitere wirksame Jagdart, insbesondere auf Gänse, ist die Lockjagd. Frühmorgens oder am Tag vor der Jagd werden die einfallenden Gänse beobachtet, um über die genaue Landestelle in den Feldern Bescheid zu wissen. Dort werden dann am späten Abend oder vor Sonnenaufgang des Jagdtages Lockvögel aufgestellt. Je mehr die Lockgänse den lebenden Gänsen ähneln und je mehr Lockgänse aufgestellt werden, umso besser.

Die nächsten Seiten sollen einen Eindruck davon vermitteln, wie stimmungsvoll die Jagd am Wasser sein kann...

Genaue Beobachtung, die jagdliche Vorbereitung und das Wissen um die täglichen Flugrouten entscheiden über den Erfolg bei der Gänsejagd. Hier ziehen Graugänse frühmorgens in Richtung Wiesen.

Wie bei der Gänsejagd, ist auch bei der Entenjagd Vorbereitung alles: Bereits einige Abende vor dem Entenstrich werden die Besätze gezählt und der Jagdtag sorgfältig vorbereitet.

Mit Freunden unterwegs zur Jagd.
Wasserwildjagd ist Teamarbeit, für die Jäger und die Jagdhunde.

Ohne ausgebildeten Jagdhund wäre die Jagd auf Wasserwild nicht möglich.
Nach dem Schuss ist hier der Kleine Münsterländer am Zug.
Er kennt seine Aufgabe und springt mit hohem Satz dem Wild entgegen.

Die morgendliche Wasserwildjagd war erfolgreich. Ein Fuchs kam ebenfalls zur Strecke.
Ohne Jagd auf Beutegreifer haben Bodenbrüter in unserer Kulturlandschaft oft wenig Chancen.

Weidmannsheil!
Morgen ist Sonntag, und er freut sich schon auf die schmackhafte Gänsebrust der erlegten Graugans. Aber dazu auf den nächsten beiden Seite mehr…

Kulinarisches

Ziel jeder Wasserwildjagd sollte am Ende die Verwertung des Wildbrets sein. Ältere Vögel lassen sich hervorragend zu schmackhaften Geflügelwürsten verarbeiten. Für die Verwertung junger Tiere im Anschluss und zum Abschluss dieses Buches ein paar Anregungen:

Halbe Ente mit Rotkohl

Die Ente mit Zitronensaft einreiben, salzen und pfeffern, mit dünnem Speck umwickeln. Dann im vorgeheizten Backofen bei 180°C garen und gelegentlich mit Fett bestreichen. Dazu passen Rotkraut und Semmelknödel.

Entenbrust mit grünen Bohnen

Das Fleisch mit Cayennepfeffer, Salz und Sonnenblumenöl einreiben. Dann kurz in der Pfanne anbraten, später im Backofen bei 180 Grad garen. Als Beilage schmecken Salzkartoffeln und Bohnen.

Gänsekeule

Gänsekeulen mit Salz, weißem Pfeffer und Majoran einreiben, dann im Backofen bei 200 Grad braten. Dazu passen zum Beispiel Bratäpfel und Salzkartoffeln.

Gänsebrust mit Spätzle

Die ausgelöste Brust einer jungen Gans salzen, pfeffern und würzen, dann in einer Pfanne anbraten und garen. Die Gänsebrust gelegentlich mit Sekt ablöschen. Dazu passen Spätzle und Karottensalat.

Entenstrich an einem Herbstabend.
Stimmung ist alles...